荣誉证书

U0181709

你最喜爱的食物是什么呢?在这张奖状上给它颁个奖吧!
拍一段颁奖 VLOG 或者把奖状拍照发给 Cool Kids Only 童书,
你的作品将有机会在 Cool Kids Only 童书线上或线下平台展示,
还有可能被作者"翻牌"哦!

投稿方式

🌐 **微博**
将作品照片或视频发布微博,添加话题 # 食物荣誉证书 #,并 @Cool Kids Only 。

💬 **微信**
将作品照片或视频发给 Cool Kids Only 童书官方微信号"外馆斜街叁号"。

扫一扫,
关注 @ Cool Kids Only 微博

扫一扫,
关注外馆斜街叁号微信公众号

荣誉证书

你最喜爱的食物是什么呢?在这张奖状上给它颁个奖吧!

拍一段颁奖 VLOG 或者把奖状拍照发给 Cool Kids Only 童书,

你的作品将有机会在 Cool Kids Only 童书线上或线下平台展示,

还有可能被作者"翻牌"哦!

投稿方式

🎙 **微博**

将作品照片或视频发布微博,添加话题 # 食物荣誉证书 #,并 @Cool Kids Only 。

💬 **微信**

将作品照片或视频发给 Cool Kids Only 童书官方微信号"外馆斜街叁号"。

扫一扫,
关注 @ Cool Kids Only 微博

扫一扫,
关注外馆斜街叁号微信公众号

荣誉证书

你最喜爱的食物是什么呢?在这张奖状上给它颁个奖吧!

拍一段颁奖 VLOG 或者把奖状拍照发给 Cool Kids Only 童书,

你的作品将有机会在 Cool Kids Only 童书线上或线下平台展示,

还有可能被作者"翻牌"哦!

投稿方式

🔴 **微博**

将作品照片或视频发布微博,添加话题 # 食物荣誉证书 #,并 @Cool Kids Only 。

💬 **微信**

将作品照片或视频发给 Cool Kids Only 童书官方微信号 "外馆斜街叁号"。

扫一扫,
关注 @ Cool Kids Only 微博

扫一扫,
关注外馆斜街叁号微信公众号

荣誉证书

你最喜爱的食物是什么呢?在这张奖状上给它颁个奖吧!

拍一段颁奖 VLOG 或者把奖状拍照发给 Cool Kids Only 童书,

你的作品将有机会在 Cool Kids Only 童书线上或线下平台展示,

还有可能被作者"翻牌"哦!

投稿方式

🟠 微博

将作品照片或视频发布微博,添加话题 # 食物荣誉证书 #,并 @Cool Kids Only 。

💬 微信

将作品照片或视频发给 Cool Kids Only 童书官方微信号"外馆斜街叁号"。

扫一扫,
关注 @ Cool Kids Only 微博

扫一扫,
关注外馆斜街叁号微信公众号

荣誉证书

你最喜爱的食物是什么呢？在这张奖状上给它颁个奖吧！
拍一段颁奖 VLOG 或者把奖状拍照发给 Cool Kids Only 童书，
你的作品将有机会在 Cool Kids Only 童书线上或线下平台展示，
还有可能被作者"翻牌"哦！

投稿方式

微博
将作品照片或视频发布微博，添加话题 # 食物荣誉证书 #，并 @Cool Kids Only 。

微信
将作品照片或视频发给 Cool Kids Only 童书官方微信号"外馆斜街叁号"。

扫一扫，
关注 @ Cool Kids Only 微博

扫一扫，
关注外馆斜街叁号微信公众号